I0076129

PONT

DE

L'ÉCOLE MILITAIRE,

Construit sur la Seine, à Paris, en face du Champ-de-Mars, d'après les projets et sous la direction de M. LAMANDÉ, Ingénieur en chef du Corps Royal des Ponts et Chaussées, Membre de l'Académie des Sciences, Belles-Lettres et Arts de Rouen, etc.

ROUEN,

De l'Imp. de P. PERIAUX, rue de la Vicomté, n° 3o.

1814.

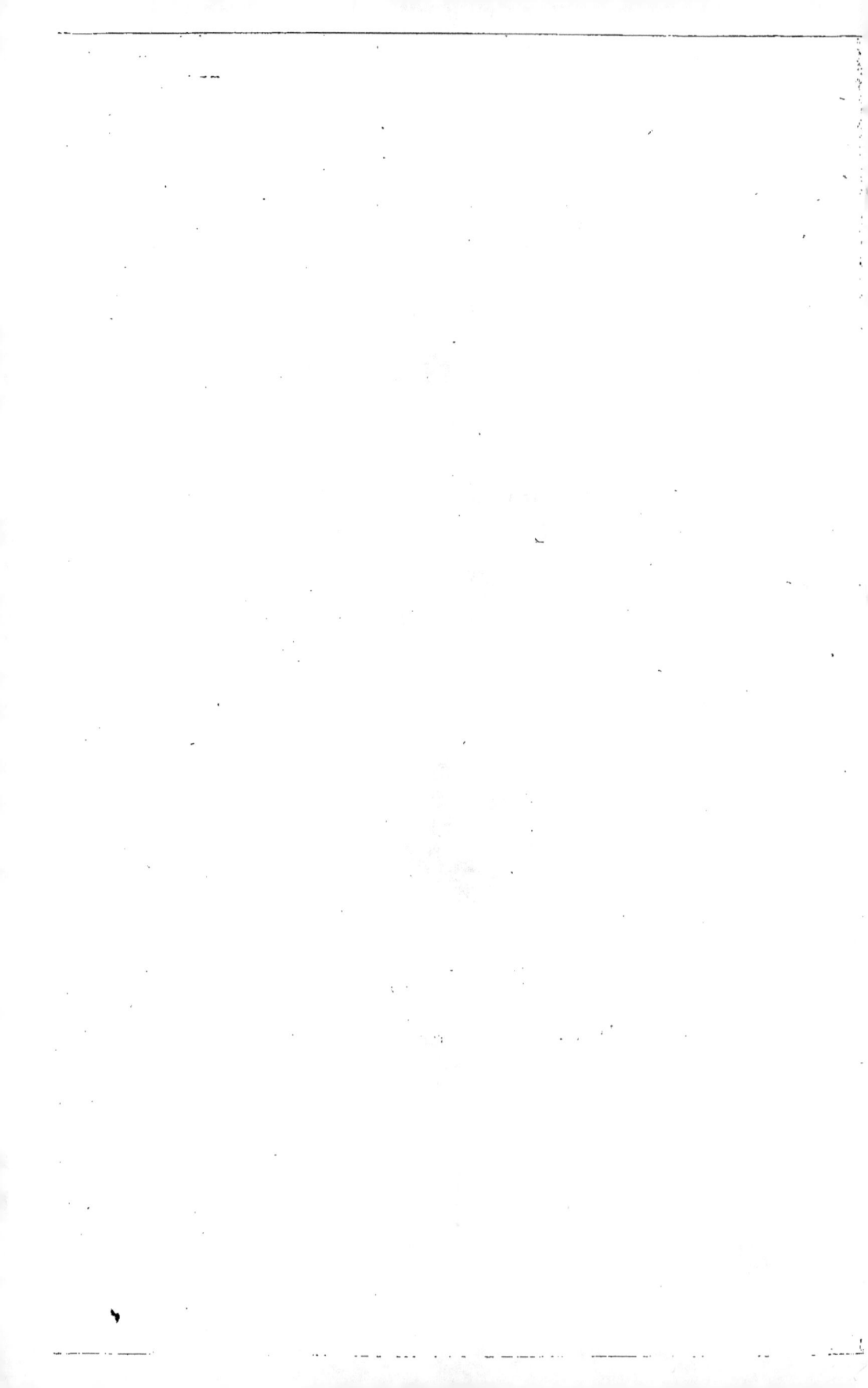

EXTRAIT

DU

DEVIS

POUR LA CONSTRUCTION D'UN PONT SUR LA SEINE,

A PARIS,

EN FACE DE L'ÉCOLE MILITAIRE.

CHAPITRE PREMIER.

DESCRIPTION DES OUVRAGES.

PREMIÉRE PARTIE.

Travaux du Pont.

ARTICLE PREMIER.

Dimensions générales.

LES travaux du Pont à construire en face de l'Ecole militaire ont été ordonnés par une loi du 27 mars 1806.

Par décision du 10 juillet de la même année, il a été arrêté que

A 3

ce Pont serait en fer, avec des piles et des culées en maçonnerie, et que le quai de Chaillot serait redressé sur une longueur de 3o5 mètres en amont du Pont, et de 62 mètres en aval, dans la direction de l'ancienne partie de ce quai construite en ligne droite jusqu'à la barrière de Passy.

M. le Directeur général a de plus décidé, d'après l'avis du Conseil général des Ponts et Chaussées, du 24 juin 1806, que le Pont serait situé dans l'axe du Champ-de-Mars, qu'il serait formé de cinq arches égales de 28 mètres d'ouverture, que l'épaisseur des culées serait fixée à 10 mètres, celle des piles à 3 mètres, et la largeur du Pont, entre les têtes, à 14 mètres.

L'avancement de la saison et les ordres du Ministre de l'intérieur obligèrent à faire commencer de suite les travaux, et avant de pouvoir achever la rédaction du projet. En conséquence, des adjudications au rabais, et par séries de prix, furent passées par le Préfet du département de la Seine, 1º pour les ouvrages de terrasse; 2º pour ceux de maçonnerie; 3º pour ceux de charpente; 4º pour ceux de serrurerie. On différa l'adjudication pour la fourniture des fontes jusqu'à ce que le projet ait été complétement rédigé et approuvé.

La première campagne de 1806 fut employée aux opérations de levée de plan, sondes, nivellements et tracés sur le terrain, ainsi qu'au battage des pieux de la culée du côté du Champ-de-Mars.

Pendant la campagne de 1807, on a continué la construction de cette culée, et l'on a travaillé en même temps à la fondation de la première pile du même côté et à celle de l'autre culée.

L'Ingénieur en chef soussigné a présenté, le 18 mars 1808, le projet détaillé du Pont en fer, comprenant les plans, coupe et élévation, un détail estimatif des dépenses et un mémoire divisé en six chapitres. Dans le premier chapitre, il fait connaître la situa-

tion des travaux au 1er janvier 1808. Il donne dans le second
la description détaillée du projet qu'il présente ; dans le troisième,
les motifs qui l'ont dirigé pour le choix du système de construction proposé, ainsi que la comparaison de ce système avec ceux
des différents Ponts de fer exécutés. Le quatrième chapitre traite
de la construction du plancher, des trottoirs, des parapets et de
la chaussée ; le cinquième, des ouvrages pour le redressement du
quai de Chaillot, et d'une méthode nouvelle pour le raccordement
des caissons à employer à la fondation de ce quai. Enfin, le sixième
démontre les avantages qu'il y aurait à substituer aux arches
en fer proposées des voûtes en pierre dure, offrant, avec peu
de dépense de plus, autant de durée, plus de solidité et moins
de frais d'entretien (*).

Article 2.

Culées.

Les culées seront formées d'un corps carré de 18 mètres de
largeur, élevé verticalement sur 12 mètres 5 décimètres de
hauteur, à compter depuis l'étiage jusqu'au-dessous de la plinthe
ou assise de couronnement. Ce corps carré, contre lequel vien-
dront aboutir les deux murs de quai en retour du Pont, sera
en saillie, sur l'alignement desdits murs, de 3 décimètres au

---

(*) M. le Directeur général ayant adressé au Ministre de l'intérieur le projet
de l'Ingénieur en chef avec l'avis du Conseil général, et la comparaison de la
dépense des arches en fer avec celle d'un Pont en pierre de même dimension,
S. Ex. a fait rendre, le 27 juillet 1808, un décret par lequel ce projet, rédigé
le 18 mars par M. Lamandé, a été approuvé, avec la construction des voûtes
en pierre en remplacement des arches en fer d'abord adoptées. Cette décision a
nécessité les changements insérés après coup dans ce devis, depuis l'article 4
jusques et compris l'article 8.

A 3

niveau de l'assise de fondation, et d'un métre 55 centimètres au niveau de la plinthe, à cause du talus des murs de quai, lequel est d'un dixième.

L'épaisseur des culées sera de 10 mètres, y compris un parement de 81 centimètres en pierre de taille, et 1 mètre 5 décimètres pour la demi-pile au-devant, mesurée au-dessous du cordon. Cette demi-pile sera élevée suivant un fruit de 20 centimètres sur la hauteur totale, qui est fixée à 6 mètres 34 centimètres au-dessus de l'étiage.

Les culées seront fondées sur des pieux espacés d'un mètre 16 centimètres entre eux. Pour celle sur la rive droite, qui sera construite dans un caisson et garantie des affouillements par le mur du chemin de halage, l'intervalle entre les pieux sera rempli par un enrochement en moellons durs, jetés avec soin, et qui aura 3 mètres 45 centimètres de hauteur réduite. Pour celle sur la rive gauche, qui doit porter sur des racinaux et une plate-forme établie à 44 centimètres au-dessous de l'étiage, le remplissage entre les pieux sera fait en maçonnerie de moellons, avec mortier de chaux et sable.

La première assise, qui aura 44 centimètres de hauteur, formera une retraite de 3 décimètres en avant du nu du mur, et sera composée tout entière en libages ou en pierres provenant de la démolition des vieux murs, posées sur mortier de chaux et de sable, à l'exception du parement, qui sera en pierre de roche dure, posée sur mortier de chaux et ciment. Le parement des autres assises, ainsi que de la demi-pile, sera également en pierre de roche posée par assises réglées, de 44 centimètres de hauteur réduite. Le massif sera fait en maçonnerie de moellons.

La taille des pierres de parement qui seront au-dessous de l'étiage, ou recouvertes par la berge et par le terre-plein du chemin de halage, doit seulement être ébauchée et rustiquée.

L'assise de couronnement, ou plinthe, aura 40 centimètres de hauteur, et sera composée d'un simple bandeau carré, saillant de 20 centimètres sur le nu du corps carré et des murs de quai.

Article 3.

Piles.

L'espace compris entre les corps carrés des deux culées sera de 155 mètres. Cet espace sera rempli par cinq arches portées sur quatre piles et deux demi-piles en pierre de taille. La distance de l'axe d'une pile à l'autre sera de 31 mètres; savoir : 28 mètres pour l'ouverture de l'arche, et 3 mètres pour l'épaisseur de la pile mesurée sous le cordon. Chacune est composée d'un corps carré de 14 mètres de longueur, terminé par des avant et arrière-becs demi-circulaires.

Les deux demi-piles (*) faisant partie de la culée sont comprises dans l'article précédent. Il reste à parler ici des quatre piles, qui ne diffèrent entre elles que par la manière dont elles seront fondées.

La première, près la rive gauche, sera établie sur pilotis, grillage et plate-forme, à deux assises ou 88 centimètres en contre-bas de l'étiage. L'intervalle entre les pieux et les racinaux du grillage sera rempli en maçonnerie de moellons, avec mortier de chaux et sable. Les deux premières assises seront posées en retraite de 30 centimètres de largeur chacune. A partir du dessus de la deuxième, le parement sera élevé

(*) Les demi-piles projetées d'abord en avant de chaque culée ont été supprimées et remplacées par un corps carré avec refends et bossages.

A 4

suivant un talus de 20 centimètres sur la hauteur totale , qui est de 6 mètres 54 centimètres jusqu'au-dessous du cordon. La largeur de la pile , mesurée au-dessus , et déduction faite de cette deuxième retraite, est de 3 mètres 40 centimètres ; et chaque retraite étant de 30 centimètres , l'épaisseur sur la plate-forme sera de 4 mètres 60 centimètres.

Les autres piles seront construites dans un caisson qui sera échoué sur des pieux espacés d'un mètre 16 centimètres de milieu en milieu , et recépés de niveau à 1 mètre 65 centimètres au-dessous de l'étiage. L'intervalle des pieux sera rempli en maçonnerie de béton avec de la meulière concassée et du mortier de chaux vive et sable. Il sera en outre formé au pied des palplanches d'enceinte dans lesquelles cette maçonnerie de béton sera contenue , un enrochement en moellons pour prévenir les affouillements.

Chaque assise sera en pierre de roche dure , portant 44 centimètres de hauteur réduite , posée sur mortier de chaux et ciment , et formée alternativement de deux et trois pierres faisant carreaux et boutisses. On placera au-dessus des sixième, dixième et quatorzième assises , un rang de deux arganeaux sur chaque face du corps carré pour le service de la navigation , et dont les lacets seront scellés et encastrés dans les lits de dessus desdites assises.

Il y aura trois assises de retraite de 44 centimètres de hauteur chacune ; la saillie de chaque retraite sera de 30 centimètres , et la largeur de la première assise posée sur la plate-forme du caisson sera de 5 mètres 20 centimètres.

L'assise de plinthe est formée d'un cordon carré de 39 centimètres de hauteur , portant filet de 10 centimètres ; la saillie est de 25 centimètres , et le dessus est taillé en pente d'un centimètre , ce qui porte l'épaisseur totale du cordon à 50 centimètres. Le lit supérieur de cette assise est refouillé de 7 centimètres, ce qui forme un encastrement dans lequel est posée l'assise de chaperon ; ayant une feuillure de même dimension, un parement vertical de 16 centimètres de hauteur et deux parements inclinés formant le dessus du couronnement de la pile, et qui seront taillés suivant un talus de 3o centimètres de hauteur sur 1 mètre 5o centimètres de base.

Les chaperons des avant et arrière-becs seront d'une seule pierre comprenant, outre la partie circulaire, 4o centimètres du corps carré. Les autres pierres du chaperon seront aussi d'un seul morceau formant parpaing.

ARTICLE 4.

Changements à opérer dans les culées, conformément au décret du 27 juillet 1808.

L'épaisseur des culées sera augmentée de 5 mètres, ce qui la porte à 15 mètres, au lieu de 10, mesurés au niveau des naissances des voûtes.

A la culée sur la rive gauche du côté du Champ-de-Mars, laquelle à l'époque du décret impérial était construite et élevée à la hauteur des naissances des voûtes, il sera construit quatre contre-forts de 5 mètres de longueur et de 2 mètres d'épaisseur. Ils seront, ainsi que l'a été la culée, fondés sur pilotis et plate-forme. Pour qu'il y ait moins d'épuisement à faire, la plate-forme sera posée de manière que le dessus correspondra au niveau de l'étiage ; et elle sera, par ce moyen, à 44 centimètres au-dessus de celle de la culée.

Les massifs en maçonnerie seront élevés verticalement et sur l'épaisseur désignée ci-dessus, jusqu'à une hauteur de 3 mètres 31 centimètres, hauteur à laquelle ils seront réunis

A 5

l'un à l'autre par des voûtes en plein ceintre de 1 mètre
66 centimètres de rayon, et sur lesquelles portera la partie
supérieure de la maçonnerie de la culée qui sera faite en
mur plein. Ces voûtes seront construites sans ceintres et sur
le sol. Elles seront faites en gros moellons et avec mortier
de chaux vive et sable, pour que la dessication soit plus
prompte, et qu'il n'y ait pas de tassement à craindre.

A la culée sur la rive droite, laquelle était au 27 juillet
fondée et élevée seulement de trois assises au-dessus de
l'étiage, la surépaisseur de 5 mètres que l'on juge convenable de donner, doit porter de 2 mètres 20 centimètres
sur le mur de quai actuel. Ce vieux mur est fondé sur
le sol, et le pied en est défendu par des enrochements
qui empêchent que la maçonnerie à faire en augmentation
de ce côté ne soit établie, comme de l'autre, sur pilotis et
plate-forme. Ainsi tout l'espace compris entre la culée actuelle
et le vieux mur de quai sera rempli en maçonnerie de
béton fait avec de la pierre de meulière concassée et du
mortier composé de chaux vive, sable et scories dans les
proportions indiquées à l'article 25. Cette maçonnerie sera
contenue par des enrochements en gros moellons, jettés en
amont et en aval. Au niveau des basses eaux ordinaires,
il sera posé une assise générale en forts libages formant des
harpes de 60 à 80 centimètres qui se lieront avec le massif
de la culée actuel.

Au-dessus de cette assise, on élevera le massif de la culée
sur toute l'épaisseur projettée de 15 mètres.

Les culées seront construites en moellons durs, à l'exception d'une partie de 4 mètres d'épaisseur qui sera faite en
libages, à compter de l'assise de cordon de la demi-pile et
au-dessus. Ces libages seront appareillés par carreaux et
boutisses, et posés en liaison, tant verticale qu'horisontale,

de manière à éviter tout glissement d'une assise sur l'autre. Les pierres des assises correspondantes aux coussinets de la voûte, seront, en outre, liées entr'elles par des crampons de fer.

Article 5.

Voûtes en pierre.

Les cinq arches en pierre seront égales. Elles auront 28 mètres d'ouverture, 3 mètres 30 centimètres de montée, et leur courbe génératrice est un arc de cercle de 31 mètres 347 millimètres de rayon.

Le rapport entre la flèche et la sous-tendante est :: 2 : 17.

Les naissances des voûtes seront à 6 mètres 13 centimètres au-dessus de l'étiage. L'épaisseur à la clef sera de 1 mètre 44 centimètres. Cette épaisseur est celle des voûtes du Pont Louis XVI. Devant employer la même qualité de pierre, et l'ouverture des arches de ce Pont étant à-peu-près la même que celle des arches de celui projetté, nous avons cru devoir ne rien changer à cette dimension que l'expérience a prouvé être suffisante; et que Perronet n'a pas regardée comme trop forte. On sait que cet habile Ingénieur s'est appliqué à donner à tous les Ponts qu'il a construits un caractère de légéreté et d'élégance, et que par cette raison, il a réduit le plus qu'il lui a été possible l'épaisseur des voûtes et celle des piles. Les nombreuses expériences qu'il a faites sur la résistance des pierres, et qui servent de guide aux Ingénieurs, avaient pour objet de connaître le terme où il devait s'arrêter, pour concilier la solidité avec la hardiesse de ses constructions.

Chaque voûte sera composée de 69 voussoirs. La longueur développée de l'arc étant de 28 mètres 916 millimè-

tres, chaque voussoir aura 419 millimètres d'épaisseur à la
donelle, y compris celle des joints dont la largeur reduite
sera de 1 centimètre (4 lignes). On aura soin, lors de la
pose des pierres, de tenir les joints plus ouverts à l'intrados près des naissances, et plus serrés vers la clef, afin
qu'après le décintrement et le tassement des voûtes, les
lignes de joint de deux voussoirs contigus deviennent paral-
lèles.

Les voussoirs seront posés sur des cintres fixes dont le
dessein sera fourni à l'Entrepreneur par l'Ingénieur en chef,
suivant le système qui en aura été proposé par cet Ingénieur, et adopté par le Directeur général des Ponts et
chaussées.

La voûte sera garantie des infiltrations par une chape en
ciment et cailloux de 20 centimètres d'épaisseur. Pour que
cette maçonnerie prenne une consistance plus prompte, on
aura soin d'y employer du mortier fait avec de la chaux
vive et du ciment provenant de la distillation de l'eau forte,
et dont le soussigné a fait un approvisionnement destiné aux
ouvrages de ce genre, et à la pose des premières assises
de fondation des piles et culées.

Article 6.

Entablement.

Lorsque les voûtes auront pris tout leur tassement, et que
les voussoirs de tête auront été dérasés de niveau, on y
posera une corniche en pierre de 90 centimètres de hauteur,
et composée d'une cimaise, un larmier et des modillons en
forme de talon renversé. Les détails et le dessin en grand
en seront remis à l'Entrepreneur, lors de l'exécution, par
l'Ingénieur en chef. Cette corniche dont le profil est ci-joint,

et dont le modèle existe au temple de Mars-le-Vengeur à Rome, est en même-temps simple et noble, et contribuera beaucoup à la décoration de ce monument. Plusieurs grands Ponts modernes, tels que ceux d'Orléans, de Tours et de Neuilly sont couronnés par un simple cordon. Mais les Ponts projettés et exécutés par Palladio, et autres Architectes célèbres en Italie, ont presque tous des entablements riches. Les principaux Ponts de Paris sont dans le même cas ; et l'on remarque les belles proportions de la corniche du Pont-Neuf. Ces exemples doivent suffir pour motiver la proposition que nous faisons de couronner le Pont, projetté en face de l'Ecole militaire, par une corniche.

ARTICLE 7.

Parapets.

Les Parapets auront 95 centimètres de hauteur, sur 50 centimètres d'épaisseur. Ils seront en pierre de Saillancourt et d'une seule assise. Ils seront terminés par quatre piedestaux portant des statues équestres ou des trophées qui rappelleront l'époque de la construction de ce Pont et de la bataille mémorable dont il doit porter le nom (*).

ARTICLE 8.

Trottoirs et Chaussée.

Les trottoirs seront en pavés refendus bien équarris, sur 11 centimètres de côté. Ces pavés seront posés sur mortier

---

(*) *Nota.* Un décret impérial rendu à Varsovie le 13 janvier 1807, ordonne que le Pont à construire en face de l'Ecole militaire, sera appellé Pont d'Jéna, en mémoire de la victoire remportée à Jéna par les armées françaises.

de chaux et de ciment, et séparés de la chaussée par une banquette en pierre dure.

La chaussée sera faite en pavés d'Orsay de 24 centimètres, de côté, posés sur une forme de sable de 25 centimètres d'épaisseur ; et les eaux s'écouleront par des gargouilles ménagées dans les tympans des voûtes, et garnies d'un tuyau de fonte de 16 centimètres de diamètre.

DEUXIÈME PARTIE.

Chemin de Halage.

ARTICLE 9.

Il sera établi sous la première arche, rive droite, du côté de Chaillot, un chemin de halage. Il sera élevé de 4 mètres au-dessus de l'étiage, et bordé par un mur de soutenement en maçonnerie, avec parement en pierre de taille, fondé à (88 centimètres) deux assises au-dessous de l'étiage, dans un caisson qui portera sur des pieux de fondation espacés de 1 mètre 16 centimètres de milieu en milieu.

Ce chemin regagnera de part et d'autre le quai, à 97 mètres 70 centimètres de distance de l'angle de la culée du Pont, et par une pente de 69 millimètres par mètre. Le raccordement du mur de soutenement du chemin de halage avec le mur de quai, sera formé par un demi-cercle décrit avec un rayon de 6 mètres. La longueur totale du mur de soutenement à construire, y compris les pans coupés et les raccordements en portion circulaire avec les murs de quai, sera de 234 mètres. La partie sous l'arche, et construite de niveau, sur 18 mètres de longueur, aura 4 mètres 88 centimètres de hauteur, y compris deux assises de fondation

au-dessous de l'étiage. L'intervalle entre les pieux de fondation sera rempli jusqu'à 10 centimètres en contre-bas du
fond du caisson par de la maçonnerie de béton, comme pour
les fondations des piles. L'épaisseur du mur, au niveau de
la plate-forme, sera de 2 mètres 20 centimètres. Le parement des deux premières assises sera vertical, et il y aura
au niveau de la deuxième une retraite de 25 centimètres.
Le mur au-dessus de la retraite sera construit suivant un talus
d'un dixième ; son épaisseur moyenne sera de 1 mètre 40 centimètres.

La partie du mur en rampe sera également construite avec
deux assises de fondation en contre-bas de l'étiage, et une
retraite de 30 centimètres. La maçonnerie de béton, dont
l'intervalle des pieux de fondation sera rempli, cessera à
1 mettre de distance au-delà des pans coupés, et sera rem-
placée par des jetées en moellons à sec, qui rempliront
l'espace compris entre le sol de la rivière et le dessous du
caisson. Le talus du mur commencera à compter du dessus
de la retraite, et sera d'un dixième. La hauteur moyenne,
depuis le dessus de la retraite correspondant à l'étiage jusqu'au dessus de l'assise supérieure formant bordure, sera de
7 mètres 40 centimètres, et l'épaisseur moyenne de 2 mètres
46 centimètres. L'assise de bordure sera, comme les autres
assises, formée de carreaux et boutisses de 70 centimètres
d'appareil réduit. Elle portera, à 50 centimètres de distance
du parement, un refouillement pour recevoir le pavé qui
affleurera le dessus de l'assise ; et l'arrète sera arrondie en
portion circulaire de 7 centimètres de rayon pour faciliter
le glissement des cordes de halage.

Il sera placé dans le parement du mur des arganeaux
pour le service de la navigation. Ils auront la même dimension que ceux posés dans le parement des piles, et seront,

comme ceux-ci, scellés dans les pierres, au moyen d'un lacet encastré dans le parement supérieur des assises. Ils seront espacés de 20 mètres, et posés sur un, deux et trois rangs suivant la hauteur du mur.

Le pied du mur défendu des affouillements par des palplanches d'enceinte récépées au même niveau que les pieux de fondation, et sur lesquelles porte le chapeau de la plateforme du caisson, sera en outre garanti par des enrochements en gros moellons jetés en avant de ces palplanches.

TROISIÈME PARTIE.

Quai de Chaillot.

ARTICLE 10.

Démolition.

L'ancien mur de quai, du côté de Chaillot, sera démoli sur une longueur développée de 388 mètres. Ce mur a 5 mètres 80 centimètres de hauteur moyenne, et 2 mètres 40 centimètres d'épaisseur réduite. Le parement est construit en pierre de taille de Passy, dont l'appareil, vu l'état de dégradation des pierres, peut être évalué à 60 centimètres d'épaisseur. Le reste est en maçonnerie de moellons avec mortier de chaux et sable.

On commencera la démolition au point de raccordement du nouveau mur de quai avec l'ancien, à 305 mètres en amont de la culée du Pont, et on la continuera en avançant vers le Pont, à mesure que le nouveau quai sera élevé. Les matériaux provenant de la démolition seront employés dans les nouvelles constructions ; et l'Entrepreneur sera, par cette raison, tenu de faire la démolition avec le plus grand soin, afin d'avoir le moindre déchet possible, et notamment sur les pierres de parement.

Les barres de fer posées sur le parapet, les arganeaux, crampons et autres fers provenant de la démolition, seront déposés par l'Entrepreneur, au magasin des travaux, pour être employés, s'il y a lieu, dans le mur de quai à construire.

ARTICLE II.

Construction du nouveau Murs de quai.

Le quai de Chaillot sera redressé sur une longueur de 305 mètres en amont et 62 mètres en aval du pont, en suivant la direction de l'ancienne partie construite en ligne droite en amont de la barrière de Passy.

Le nouveau mur de quai à construire, sur une longueur totale de 370 mètres, sera établi suivant trois systèmes de construction différents, eu égard à la position de chaque partie et à la profondeur de l'eau.

La première partie pour le raccordement avec l'ancien mur de quai, et sur une longueur de 40 mètres, sera fondée par batardeau et épuisements. Le mur portera sur un grillage en charpente dont le dessus sera établi à 88 centimètres en contre-bas de l'étiage, et sera posé sur des pieux espacés de 1 mètre 16 centimètres. Les deux premières assises, de chacune 44 centimètres de hauteur, auront leur parement vertical. Le parement du mur, à partir du dessus de la deuxième assise, sera en retraite de 50 centimètres et élevé suivant un talus d'un dixième. L'épaisseur moyenne du mur sera égale au tiers de la hauteur qui sera de 7 mètres au-dessus de l'étiage ou 7 mètres 88 centimètres au-dessus de la plate-forme, à son raccordement avec le mur de quai actuel. Cette hauteur augmentera de 18 millimètres par mètre à mesure que l'on approchera du pont.

Le parement aura 70 centimètres d'épaisseur d'appareil , et sera construit en pierre de roche dure. On pourra aussi y employer celles des pierres provenant de la démolition de l'ancien mur , qui seront de bonne qualité et n'auront pas subi trop de dégradation. Les six premières assises , qui répondent à la hauteur des eaux ordinaires , seront posées sur mortier de chaux et ciment. Les assises, supérieures le seront sur mortier de chaux et sable , et les rejointoyements seulement seront faits en mortier de ciment.

La maçonnerie derrière le parement sera , comme pour le mur du chemin de halage et des culées , faite en moellons avec mortier de chaux et sable. Le derrière ou parement intérieur du mur sera élevé verticalement ; et il y aura sur la hauteur trois retraites de 25 centimètres chacune , également espacées.

Le mur sera couronné par un cordon ou plinthe carré de 40 centimètres de hauteur et de 25 centimètres de saillie, établi comme le dessus du quai , suivant une pente réglée de 18 millimètres par mètre. Ce cordon portera un parapet en deux assises de pierre de 95 centimètres de hauteur ensemble sur 50 centimètres d'épaisseur , et qui bordera un trottoir pavé de 2 mètres 60 centimètres de largeur , séparé de la chaussée par une banquette en pierre de taille.

Il sera construit , sous le trottoir , pour l'écoulement des eaux de la chaussée, sept gargouilles en pierre de taille , dont une dans cette partie , trois dans les deux autres parties en amont du pont, et trois en aval. Le caniveau des gargouilles saillera de 60 centimètres en avant du parement , et sera supporté par une console en forme de talon portant un filet.

Il sera placé , dans le parement du mur , et sur trois

rangs de hauteur , des arganeaux espacés entr'eux de 20 mètres , de même forme et dimensions que ceux des piles et du chemin de halage.

La deuxième partie du mur de quai , comprise entre celle décrite ci-dessus et le chemin de halage , sera fondée dans des caissons échoués sur des pieux et palplanches d'enceinte , récépés de niveau , à 1 mètre 21 centimètres en contre-bas de l'étiage ; elle aura une longueur de 163 mètres , et 9 mètres 75 centimètres de hauteur moyenne.

L'espace entre les pieux sera rempli par des jetées de moellons à sec. De pareils enrochements seront faits au devant des palplanches pour garantir le pied du mur des affouillements.

Les dimensions du mur et les autres détails de construction seront les mêmes que ceux relatés dans l'article précédent , pour la première partie fondée par batardeau.

La troisième partie comprendra , d'une part , depuis l'extrémité du chemin de halage jusqu'à la culée , une longueur de 97 mètres , déduction faite de la largeur de l'entrée dudit chemin , et de l'autre part , le mur neuf à construire en aval du pont , sur une longueur de 65 mètres. Cette partie sera fondée sur un enrochement en moellons , qui s'élèvera jusqu'à 60 centimètres au-dessus de l'étiage , avec un talus de 45 degrés de chaque côté. Ces moellons seront arrasés de niveau à cette hauteur, sur une largeur moyenne de 9 mètres 38 centimètres, et recevront une assise en gros libages provenant des démolitions de l'ancien mur, et posés avec mortier de chaux et sable. Cette assise en libage aura 40 centimètres de hauteur et 8 mètres 78 centimètres de largeur réduite , de manière à laisser à l'enrochement un empatement , sur le devant et en arrière, de 30 centimètres. Au-dessus de cette assise de libage , et jusqu'à 40 centimètres en contre-bas du dessus du pavé du chemin de halage , le mur sera élevé verticalement et par rédents en maçonnerie de moellons , en laissant une retraite de 25 centimètres. Le reste du parement , jusque sous le cordon , sera construit en pierre de taille de 70 centimètres d'appareil réduit , posée avec mortier de chaux et sable et rejointoyée en mortier de ciment.

Les autres détails de construction seront les mêmes que pour les deux autres parties du mur décrites ci-dessus.

A R T I C L E 12.

Exhaussement de la partie conservée du mur actuel.

La partie du mur actuel , depuis la barrière jusqu'à son raccordement avec celle comprise dans l'article précédent , sera exhaussée de 3 mètres 22 centimètres de hauteur moyenne , sur une longueur totale de 275 mètres.

On démolira le parapet et deux assises au-dessous , afin de raccorder la maçonnerie neuve avec l'ancienne , ainsi que les talus. Le parement de la portion de mur construite à neuf sera fait en pierre de roche dure , portant 70 centimètres d'épaisseur réduite d'appareil. Le cordon , les parapets et les banquettes des trottoirs seront aussi construits en pierre neuve de roche , et suivant les mêmes profils et les mêmes dimensions que pour le nouveau mur de quai.

QUATRIÈME PARTIE.

Quais à construire sur la rive gauche.

A R T I C L E 13.

Il sera construit des murs de quai sur la rive gauche de la Seine et sur 300 mètres de longueur en amont , et 245 mètres en aval du pont de l'École Militaire. Ces murs seront fondés sur pilotis, grillages et plate-forme. Ils seront établis, comme la culée, à une assise en contre-bas de l'étiage. Cette assise aura 44 centimètres de hauteur. Son parement sera vertical, et elle formera une retraite de 3o centimètres de largeur. Le parement du mur de quai au-dessus de la retraite aura 70 centimètres d'épaisseur, et sera élevé suivant un talus d'un dixième. La hauteur du mur, mesurée depuis la plate-forme jusque sous le cordon, sera de 12 mètres 94 centimètres auprès de la culée, et le cordon sera posé avec une pente de 18 millimètres en amont et 22 millimètres en aval ; ce qui donne pour hauteur réduite 10 mètres 19 centimètres. L'épaisseur moyenne du mur sera, comme celle du mur de quai de Chaillot, égale au tiers de la hauteur comptée depuis le dessus de la retraite.

Les autres détails de construction, ainsi que le cordon, les parapets, la banquette du trottoir et les gargouilles pour l'écoulement des eaux, seront les mêmes que pour le quai de Chaillot.

Nota. Les autres articles jusques et compris l'article 52, traitent, 1o des qualités et dimensions des matériaux ; 2o des conditions générales de l'adjudication.

Pour extrait conforme du Devis dressé le 24 juin 1808, par l'Ingénieur en chef chargé de la direction des travaux.

Signé LAMANDÉ.

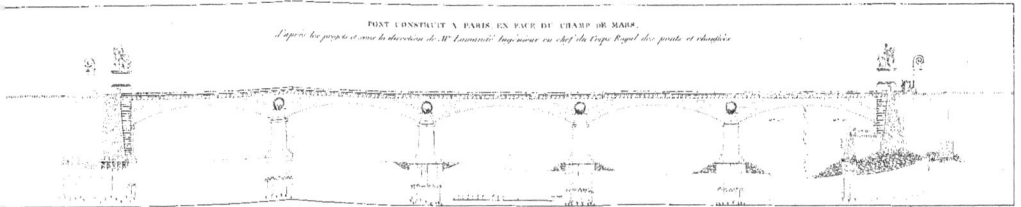

PONT CONSTRUIT A PARIS, EN FACE DU CHAMP DE MARS.

D'après les projets et sous la direction de M.r Lamandé Ingénieur en chef du Corps Royal des ponts et chaussées

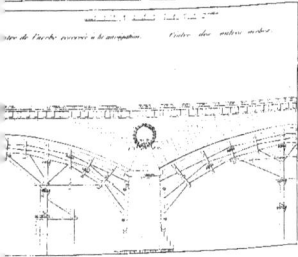

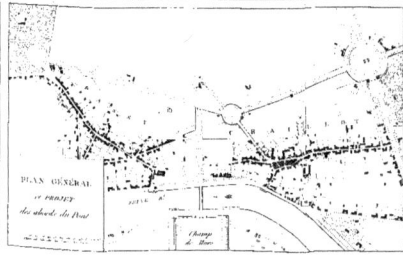

PLAN GÉNÉRAL
et PROJET
des abords du Pont

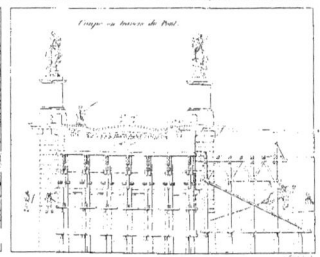

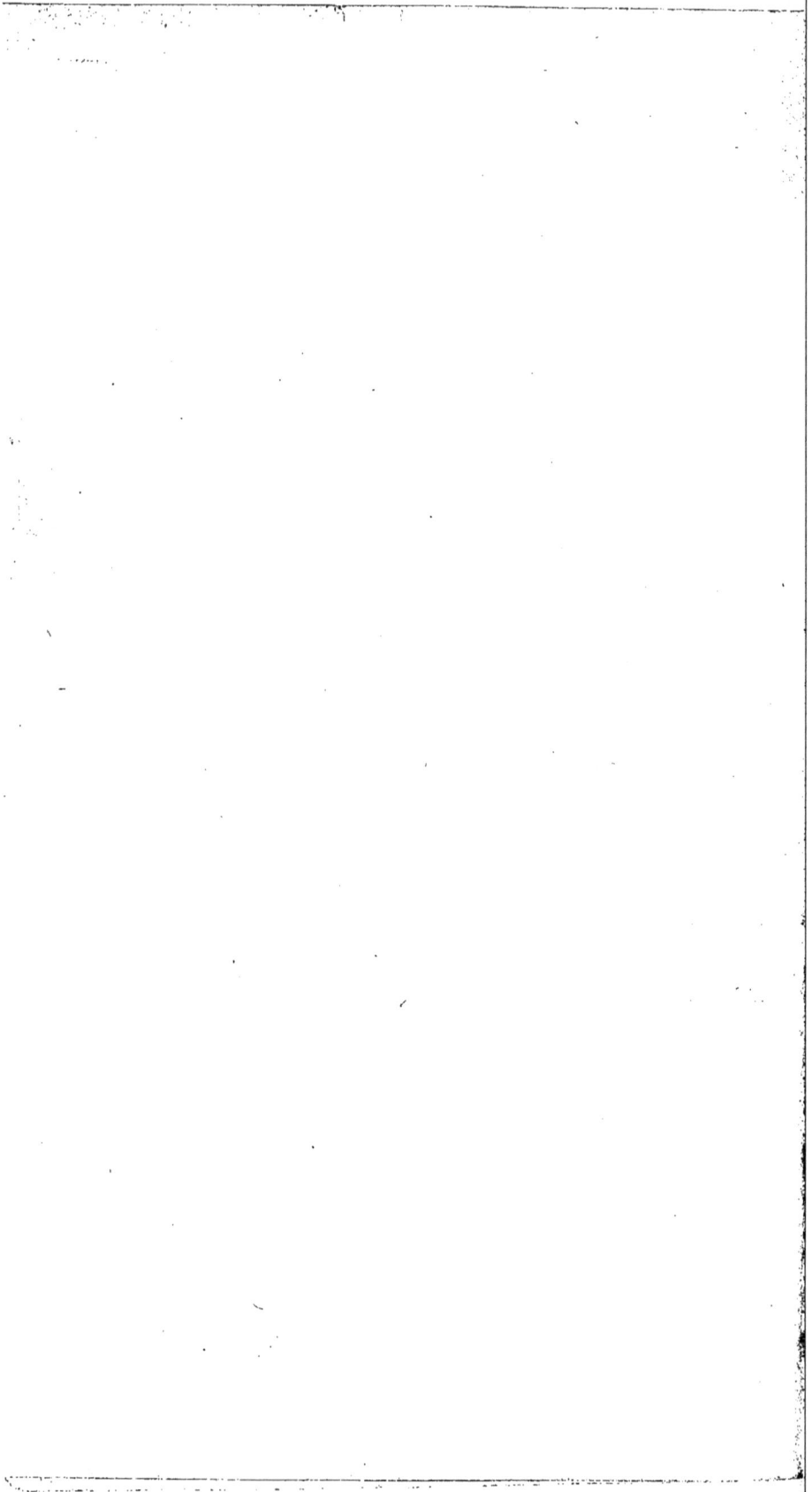

DESCRIPTION

DU PONT EN FER COULÉ

CONSTRUIT à Paris, sur la Seine, en face du Jardin du Roi.

LES travaux du Pont construit en face du Jardin du Roi, et nommé Pont d'Austerlitz, ont été commencés en 1800 et terminés en 1805.

Les culées et les piles sont en maçonnerie fondée sur pilotis et plate-forme en charpente. On a employé, pour la fondation des piles, des caissons en charpente qui ont été échoués sur les pieux, et dont les bords ont été enlevés quand la maçonnerie a été faite jusqu'au niveau des eaux ordinaires. Les arches sont en pièces de fer coulé, liées entr'elles par du fer forgé. Le projet n'en a été arrêté et adopté par le Conseil général des Ponts et Chaussées qu'après avoir discuté les avantages et les inconvénients des Ponts en fer précédemment construits en Angleterre, notamment ceux de Sunderland et de Coalbrook-dale.

Le Pont du Jardin du Roi a cinq arches égales de 32

A

mètres 56 centimètres (100 pieds) d'ouverture. La courbure
de la voûte est celle d'un arc de cercle de 42 mètres 6 centimètres (21 toises 1 pied 10 pouces) de rayon, et la flèche
ou montée est de 5 mètres 236 millimètres (10 pieds).

Chaque arche est composée de sept fermes distantes entre
elles de 2 mètres (6 pieds 2 pouces) de milieu en milieu. Il y
a dans chaque ferme 21 voussoirs de 1 mètre 60 centimètres
(5 pieds) de largeur, sur 1 mètre 50 centimètres (4 pieds)
de hauteur et 7 centimètres (2 pouces 6 lignes) d'épaisseur,
lesquels font l'archivolte. Ces voussoirs sont des châssis for-
més, comme ceux du Pont de Sunderland, de trois arcs
concentriques et de montants normaux à ces arcs.

On a interposé dans chaque joint une lame de cuivre d'en-
viron 5 millimètres (1 ligne) d'épaisseur, et qui, cédant à la
pression, remplit les inégalités de la fonte et produit un
contact plus parfait.

Vu la difficulté de mettre exactement en contact les trois
arcs de deux voussoirs contigus, on a pris le parti de n'opérer
d'abord le contact que pour l'arc de l'intrados et pour celui
de l'extrados, et de ménager dans chaque châssis, au droit
de l'arc intermédiaire, une entaille dans laquelle on a, après
le décintrement, enfoncé des coins ou cales en fer forgé,
séparées par une lame de cuivre. On a ensuite placé sur le
joint des plate-bandes boulonnées et destinées à contenir ces
cales et à lier les voussoirs l'un à l'autre.

Les tympans de la voûte sont remplis par des châssis en
fer coulé, composés de deux arcs concentriques et de montants normaux à ces deux arcs, de mêmes dimensions que
ceux des voussoirs. Ces montants reposent sur l'extrados de

l'archivolte et sont assemblés avec elle au moyen de boulons à écrou en fer forgé.

Les fermes sont liées entre elles par des entretoises posées perpendiculairement au plan de la ferme et sur chaque joint. L'une répond à l'arc supérieur, et l'autre à l'arc inférieur des voussoirs. La longueur d'une entretoise est de 1 mètre 95 centimètres (6 pieds). Le corps ou la tige est un barreau carré en fonte de 7 centimètres (2 pouces 6 lignes) de grosseur. Elle porte à ses abouts 2 branches en retour percées chacune d'un trou rond de 3 centimètres (1 pouce) de diamètre, dans lequel passe un boulon qui réunit l'arc du voussoir avec les entretoises placées de part et d'autre d'une même ferme.

Sur les fermes de tête, les deux boulons de chaque entretoise sont liés par une plate-bande en fer forgé, de 11 centimètres (4 pouces) de largeur, 33 centimètres (1 pied) de longueur, et 15 millimètres (7 lignes) d'épaisseur.

Au pont de Coalbrook-dale, les fermes, composées de trois grands arcs fondus séparément, sont liées par des barres en fer coulé posées et entaillées sur ces arcs. A celui de Sunderland, les entretoises ont la forme de tubes et portent à chaque extrémité un talon ou branche, au moyen de laquelle elles sont boulonnées sur les voussoirs. Cette forme de tube avait d'abord été projetée pour les entretoises du Pont du Jardin du Roi, dans l'intention de se procurer plus de résistance avec la même quantité de matière. Mais, après plusieurs expériences comparatives, on s'est déterminé à couler ces pièces pleines et à donner à la tige la forme d'un paral-lélipipède, 1⁰ parce que celle d'un tube augmentait les difficultés du moulage, 2⁰ parce que l'avantage, que cette forme pré-sentait d'une plus grande résistance, était souvent détruit par des soufflures qui se formaient à la jonction de la branche ou du talon avec le corps de l'entretoise. Il est essentiel d'observer, lorsqu'on détermine la forme des pièces destinées à être fondues, qu'il ne se trouve pas deux parties contiguës de la même pièce ayant des dimensions très-différentes, parce que la plus mince refroidissant plus promptement, la retraite que prend ensuite l'autre partie en se refroidissant tend à les séparer l'une de l'autre et à affaiblir le point de réunion.

Les piles en pierre ne s'élèvent que jusqu'à la naissance des arches, et sont couronnées par des pièces triangulaires en fer coulé, appellées *coussinets*. Ces pièces sont les plus fortes qui entrent dans la composition du Pont. Elles ont 3 mètres 39 centimètres (10 pieds 5 pouces) de hauteur, sur 3 mètres (9 pieds 2 pouces 10 lignes) de base. Leur épaisseur est la même que celle des voussoirs ; et elles sont liées d'une ferme à l'autre par des entretoises, et des barres en fer coulé, posées diagonalement, et appelées *écharpes*.

Ces écharpes ont la même grosseur que les tiges des entretoises, auxquelles elles sont assemblées par des boulons en fer forgé.

Les anglais ont construit plusieurs Ponts en fer, qui sont tous d'une seule arche. Par conséquent ils n'ont pas eu à s'occuper de la manière la plus convenable de terminer les piles dans les constructions de cette espèce. Il y eut à ce sujet une discussion longue et intéressante au Conseil des Ponts et Chaussées. Quelques membres proposaient de prolonger la maçonnerie de la pile jusqu'au niveau du plancher, dans l'intention de diminuer les vibrations du Pont. On a clairement démontré que cette objection n'était que spécieuse. En continuant l'ouvrage en fer d'une culée à l'autre sans interruption, il est certain que la commotion qui a lieu sur une arche se propage dans l'autre ; mais cet effet est une communication et non une augmentation de mouvement, ce qu'il faut bien distinguer. Il arrive au contraire que la quantité de mouvement, imprimée par une ou plusieurs voitures passant sur le Pont, se répartit à la fois sur une plus grande masse ; que par conséquent l'effet est moindre sur chaque partie du système. D'après ces considérations, le Conseil rejetta la proposition d'élever les piles en pierre au-dessus des naissances des arches, et vota pour les coussinets en fer tels qu'ils étaient proposés par M. Lamandé, auteur du projet. L'exécution a complettement justifié l'opinion émise par le Conseil ; car les vibrations du Pont du Jardin du Roi sont peu considérables, et le couronnement des piles est la partie du système la plus neuve, la plus solide et la plus remarquable par la simplicité des assemblages.

Les coussinets reposent dans une coulisse en fonte appelée *cousinet inférieur*, encastrée dans la pierre qui forme le chaperon de la pile, et portant une tige verticale qui traverse trois assises en pierre dans lesquelles elle est scellée. On a aussi encastré et scellé dans les pierres de parement de chaque culée de grandes rainures de fonte qui reçoivent les premiers voussoirs des deux arches extrêmes.

Le poids total des pièces de fer coulé qui composent chaque arche est de 173,000 kilogrammes.

Le plancher est en charpente et formé de pièces de Pont posées en travers sur les fermes, et de madriers jointifs. L'écartement et le devers de ces pièces est maintenu par des écharpes en fer forgé, placées en croix de Saint-André.

Ce plancher porte une chaussée en cailloutis et des trot-

troirs en dales, bordés par une balustrade, à hauteur d'appui,
en fer forgé.

Les travaux de ce Pont ont été exécutés soús la direction
de MM. Becquey de Beaupré, Ingénieur en chef du département de la Seine, et Lamandé, Ingénieur ordinaire des
Ponts et Chaussées.

A Rouen. De l'Imprimerie de P. PERIAUX, rue de la Vicomté,
n° 30, et rue Herbière, n° 9. (1814.)

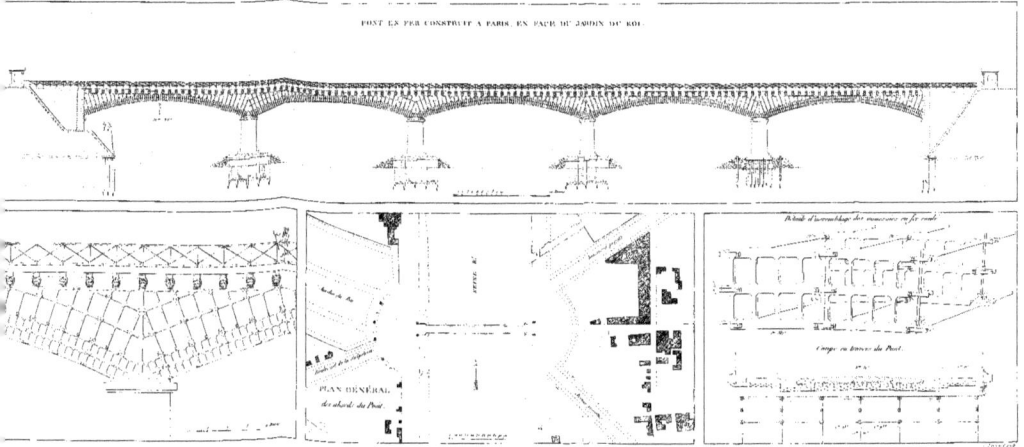

PONT EN FER CONSTRUIT A PARIS, EN FACE DU JARDIN DU ROI.

PLAN GÉNÉRAL
des abords du Pont.

Détails d'assemblage des armatures en fer coulé.

Coupe en travers du Pont.